科学のアルバム

ミツバチのふしぎ

栗林　慧●写真
七尾　純●文

あかね書房

もくじ

構成●七尾　純

指導●石川良輔

イラスト●渡辺洋二

林　四郎

装丁●画　工　舎

科学のアルバム

ミツバチのふしぎ

栗林　慧（くりばやし　さとし）

一九三九年、旧満州《まんしゅう》（現在《げんざい》の瀋陽《シェンヤン》）に生まれる。幼児期《ようじき》に日本に引き揚《あ》げ、長崎《ながさき》県田平町の海に面した豊《ゆた》かな自然《しぜん》の中で育つ。子どものころより動植物に興味《きょうみ》をもち、写真を志《こころざ》し、生態《せいたい》写真家となる。とくに、昆虫の生態や動植物の高速で動くようすを写しとめることを得意《とくい》とし、その制作《せいさく》活動と作品は高く評価《ひょうか》され、伊奈信男賞や日本写真協会《きょうかい》新人賞、同年度賞、西日本文化賞などを受賞した。

現在《げんざい》は、ビデオを用いた生態映像《えいぞう》作家としても活躍《かつやく》している。

著書《ちょしょ》に「源氏蛍《げんじぼたる》」（ネーチャー・ブックス）、「昆虫の飛翔《ひしょう》」（平凡社）、写真集「沖縄《おきなわ》の昆虫」（学習研究社）など多数ある。

七尾　純（ななお　じゅん）

一九三六年、秋田県に生まれる。

玉川大学中退後《ちゅうたいご》、児童施設指導員《じどうしせつしどういん》、学習研究社編集長《へんしゅうちょう》を経《へ》て、一九六九年にフリーとなる。絵本、幼年《ようねん》童話、科学読み物を執筆《しっぴつ》する一方、長期にわたり「科学のアルバム」の企画制作《きかくせいさく》にたずさわる。

著書に、ノンフィクション読み物「手にことばをのせて」「タゲリ舞《ま》う里」「水の総合《そうごう》学習」「土の総合学習」（共にあかね書房）、写真絵本シリーズ「自然きらきら」「新自然きらきら」（共に偕成社）、「だれがつけたの草木のなまえ」「どれがほんとう?·恐竜《きょうりゅう》のすがた」（共にアリス館）、「環境《かんきょう》ことば事典《じてん》」（大日本図書）など多数ある。

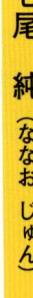

一ぴきの女王《じょおう》バチのもとに、
数百《すうひゃっ》ぴきのおすバチ、それに
なん万《まん》びきものはたらきバチが――。
ミツバチの社会《しゃかい》には、
自然《しぜん》のおくふかい〝ちえ〟と
〝ふしぎ〟があります。

●レンゲの花《はな》からみつをあつめるはたらきバチ。

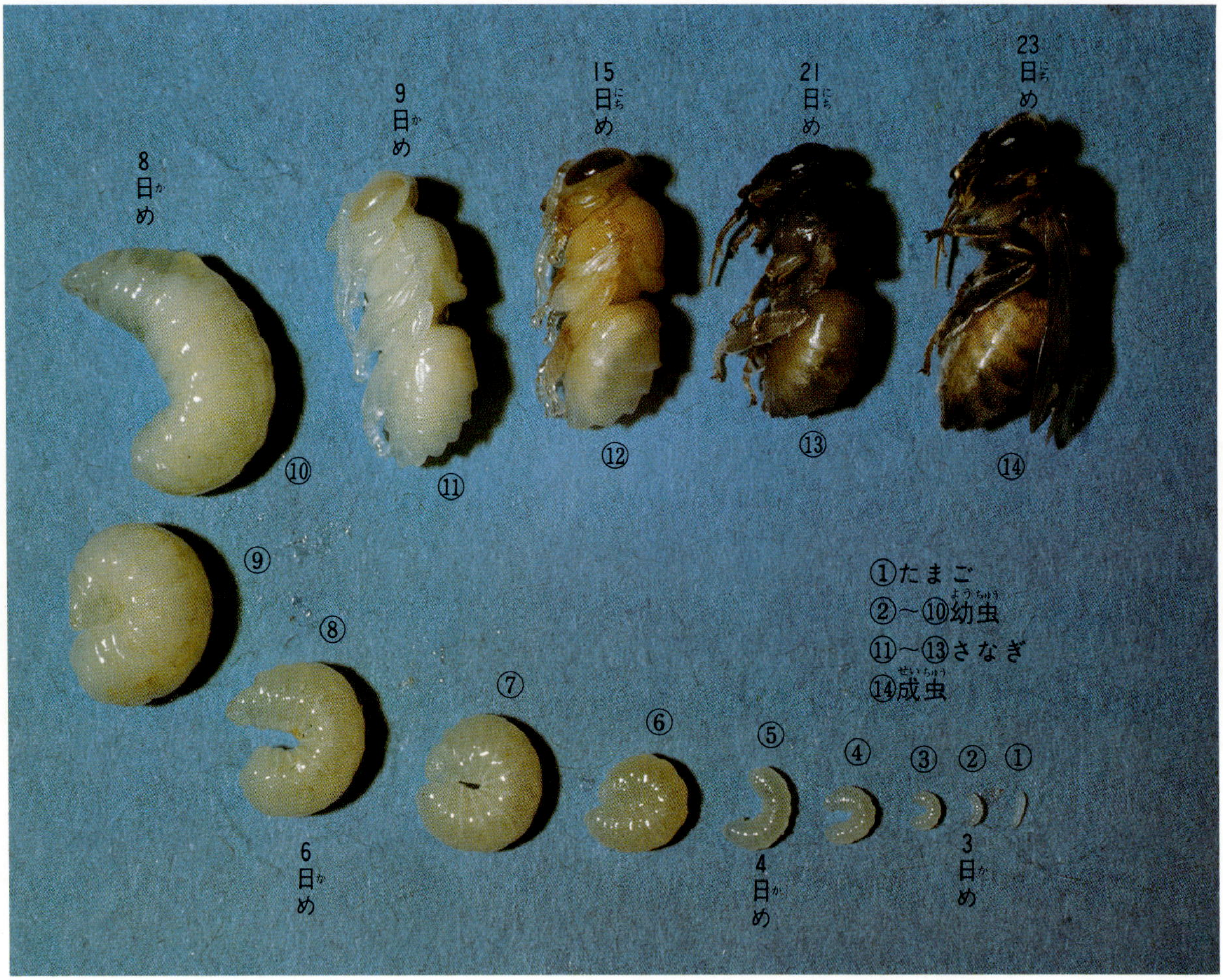

⬆はたらきバチの成長《せいちょう》。春《はる》は，ミツバチの活動《かつどう》がもっともはげしい。毎日《まいにち》のように女王《じょおう》はたまごをうみ，毎日《まいにち》のようにはたらきバチが誕生《たんじょう》する。こうしてどんどんかぞくがふえる。

ミツバチの四季《しき》

はる

ミツバチの発育日数《はついくにっすう》

	たまご	幼虫《ようちゅう》	さなぎ	合計《ごうけい》
女王《じょおう》バチ	3日《か》	6日《か》	7日《か》	16日《にち》
はたらきバチ	3日《か》	6日《か》	12日《にち》	21日《にち》
おすバチ	3日《か》	6日《か》	15日《にち》	24日《か》

⬅はたらきバチのさなぎ。さなぎになってやく9日《か》め，まっ白《しろ》だったからだのうち目《め》だけが黒《くろ》くなった。あと3日《か》くらいでうまれでる。下《した》のきいろい部分《ぶぶん》は，花《か》ふんの部屋《へや》。

←キリの花《はな》にとんできたはたらきバチ。はやいスピードでとんできたはたらきバチが花《はな》にとまろうとする瞬間《しゅんかん》を、超高《ちょうこう》速度《そくど》シャッターでとらえた。ハチは羽《はね》をねじって、ブレーキをかけている。触角《しょっかく》はピンとのびていて、全神経《ぜんしんけい》を集中《しゅうちゅう》していることがわかる。

なつ

←ヒマワリの花《はな》にあつまるミツバチ。あつい夏《なつ》のさかりにもはたらきバチは花《はな》から花《はな》へと，みつをあつめてまわる。ヒマワリの花《はな》は，この時季《じき》にさく花《はな》のなかでは，もっともたくさん，みつや花《か》ふんがとれるので，はたらきバチがさかんにおとずれる。ほかにキュウリやスイカなどにあつまる。

↓羽《はね》であおぎ巣《す》をひやすせんぷうバチ。巣《す》の中《なか》の温《おん》度《ど》があがりすぎると，巣《す》がとけたり，たいせつな幼虫《ようちゅう》やさなぎが死《し》んでしまう。はたらきバチは，はげしく羽《はね》をふるわせて風《かぜ》をおこし，巣《す》をひやす。ときには，口《くち》に水《みず》をふくんできて，巣《す》をひやすことがある。水《みず》が蒸発《じょうはつ》するときに，まわりの温《おん》度《ど》をうばい，巣《す》がひえる。

あき

←コスモスとミツバチ。秋《あき》，コスモスがさきはじめると，ミツバチはいっせいにコスモスをおとずれるようになる。コスモスの花《はな》はみつは少《すく》ないが，花《はな》の種類《しゅるい》の少《すく》なくなった秋《あき》には，ミツバチにとってたいせつな食《しょく》りょうの補給源《ほきゅうげん》となる。

↑秋空《あきぞら》の下《した》にさきみだれるコスモスの花《はな》。

←おすバチ(下《した》)を巣《す》の外《そと》においだすはたらきバチ(上《うえ》)。食《しょく》りょうのたくわえが少《すく》なくなると，かぞくがいきのこるために，少《すこ》しでも口数《くちかず》をへらさなければならない。用《よう》のなくなったおすバチや，病気《びょうき》になったはたらきバチを口《くち》にくわえ，むりやり巣《す》の外《そと》においだしてしまう。

⬆ツバキの花《はな》をおとずれたはたらきバチ。長《なが》い冬《ふゆ》のあいだ，ミツバチは巣《す》箱《ばこ》の中《なか》でからだをよせあい，寒《さむ》さとたたかう。でも，よくはれた日《ひ》には外《そと》へとびだし，ツバキの花《はな》をおとずれる。ツバキのみつと花《か》ふんは，冬《ふゆ》の食《しょく》りょう不足《ぶそく》をおぎなってくれる。

ふゆ

←春《はる》もまぢか。ネコヤナギの花《はな》からみつや花《か》ふんをあつめるはたらきバチ。しかし，巣《す》の外《そと》はまだ寒《さむ》く，はたらける時間《じかん》は，日中《にっちゅう》のほんの少《すこ》しのあいだしかない。

↓冬越《ふゆご》しをさせている養蜂用《ようほうよう》の人工巣《じんこうす》。巣《す》の中《なか》は，なん万《まん》びきものハチの体温《たいおん》で，いつもせっし25度《ど》ぐらいにたもたれている。ハチたちは，たくわえておいたみつや花《か》ふんを少《すこ》しずつ食《た》べながら，じっと春《はる》をまつ。

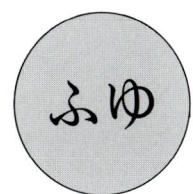

⬆みつや花《か》ふんをあつめて巣《す》（人工巣《じんこうす》）にもどってきたはたらきバチ。巣作《すづく》り，みつや花《か》ふんあつめと貯蔵《ちょぞう》，幼虫《ようちゅう》・さなぎの世話《せわ》，おすバチ・女王《じょおう》バチの世話《せわ》，巣《す》のそうじ，敵《てき》とのたたかいなど，一生《いっしょう》はたらきつづける。羽化《うか》後《ご》やく40日《にち》くらいしかいきられない。写真《しゃしん》は巣箱《すばこ》の中《なか》から出入口《でいりぐち》をみたもの。

⬇はたらきバチからみつをもらうおすバチ（右《みぎ》）。春《はる》から夏《なつ》にかけて，ミツバチがもっとも活動《かつどう》する時季《じき》にうまれる。女王《じょおう》バチと結婚飛行《けっこんひこう》にとびたち，交尾《こうび》することが仕事《しごと》。巣《す》の中《なか》ではなにもせず，身《み》のまわりの世話《せわ》は，すべてはたらきバチにしてもらう。やく40日《にち》いきる。

ミツバチのかぞく

⬅はたらきバチにとりかこまれた女王《じょおう》バチ。身《み》のまわりの世話《せわ》は，すべてはたらきバチにしてもらう。結婚飛行《けっこんひこう》や巣分《すわか》れのとき以外《いがい》は外《そと》にでることなく，巣《す》の中《なか》でたまごをうみつづける。1日《にち》にやく1,000～1,500こものたまごをうみ，3～5年《ねん》いきる。

ミツバチのからだ

←**女王《じょおう》バチ**　目《め》は，はたらきバチより小《ちい》さい。大《おお》あごは，うまれでるときまゆを食《く》いやぶったり，女王《じょおう》どうしたたかうため，するどくなっている。舌《した》は，自分《じぶん》でえさをとる必要《ひつよう》がないため退化《たいか》している。
おすバチ　結婚飛行《けっこんひこう》のとき，女王《じょおう》バチをみうしなわないよう複眼《ふくがん》が発達《はったつ》している。単眼《たんがん》や触角《しょっかく》も大《おお》きい。舌《した》は，自分《じぶん》でえさをとる必要《ひつよう》がないので退化《たいか》している。
はたらきバチ　みつをあつめるための口《くち》がよく発達《はったつ》し，長《なが》い管状《くだじょう》になっている。舌《した》は長《なが》く，自由《じゆう》にのびたり，ちぢんだりする。大《おお》あごは，じょうぶでするどく，へら状《じょう》になっている。かむだけでなく，前後《ぜんご》にすりあわせることができる。

女王《じょおう》バチ　体長《たいちょう》やく20ミリ。体重《たいじゅう》はやく0.25グラム。はりをもっているが，ほかの女王《じょおう》とたたかうときだけつかう。はりは，逆《さか》かぎがないので，ぬけて死《し》ぬことはない。

↓人《ひと》のうでにどくばりをさして，とびたつはたらきバチ。はりは，あいてのからだにくいこみ，どくをだす。女王《じょおう》バチとはたらきバチがどくばりをもっている。

はたらきバチ　体長《たいちょう》やく13ミリ。羽《はね》がじょうぶで，長《なが》い距離《きょり》をとべる。はりは，先《さき》が逆《さか》かぎになっていて，さすとあいてのからだにのこる。はりのとれたハチは死《し》ぬ。

おすバチ　体長《たいちょう》やく17ミリ。からだの色《いろ》が黒《くろ》みがかっている。しりはほかのハチにくらべて，まるくなっている。たたかうことがないので，はりをもっていない。

↑はたらきバチの誕生《たんじょう》。大《おお》あごでまゆのふたを少《すこ》しずつかじりとりながら，出口《でぐち》をだんだんとひろげていく。さなぎになってから12日《にち》め，はたらきバチがうまれでてくる。

←せんぱいのはたらきバチに，みまもられながら誕生《たんじょう》するはたらきバチ。

はたらきバチの誕生《たんじょう》

ネコヤナギのまっ白《しろ》なわた毛《げ》がふきでると、冬《ふゆ》のきびしい寒《さむ》さからときはなたれたミツバチたちは、もう活発《かっぱつ》にうごきはじめます。

はたらきバチは、花《はな》のみつや花《か》ふんをもとめていそがしくとびかいます。巣箱《すばこ》の中《なか》では、女王《じょおう》バチが数《すう》ひきのはたらきバチをしたがえ、おもいからだをひきずるようにして、たまごをうみはじめます。

はたらきバチは、たまごからかえった幼虫《ようちゅう》たちの世話《せわ》で大《おお》わらわ。

そして、きょう、まちにまったいもうとバチが、ことしになってはじめて誕生《たんじょう》するのです。

いもうとバチは、せまいまっくらな部屋《へや》の中《なか》で、さなぎのかわをぬぎすてると、しっかりとふさいであったあついまくを、じょうぶなあごで食《く》いやぶります。

ねえさんバチは、うまれてくるいもうとバチのまわりをとりかこみ、じっとみまもりつづけます。ときどき口《くち》うつしにみつをあたえて、いもうとバチを力《ちから》づけます。

「それ、もうひといきよ。がんばるのよ。」

➡からだのひみつ（はたらきバチ）
咽頭腺《いんとうせん》からは幼虫《ようちゅう》にあたえるミルクを，ろうきょうからは巣《す》をつくるときのろうを出《だ》す。前胃《ぜんい》はみつのうともいい，すった花《はな》のみつをここにためる。みつは巣《す》にもどるとはきだして小部屋《こべや》にためる。

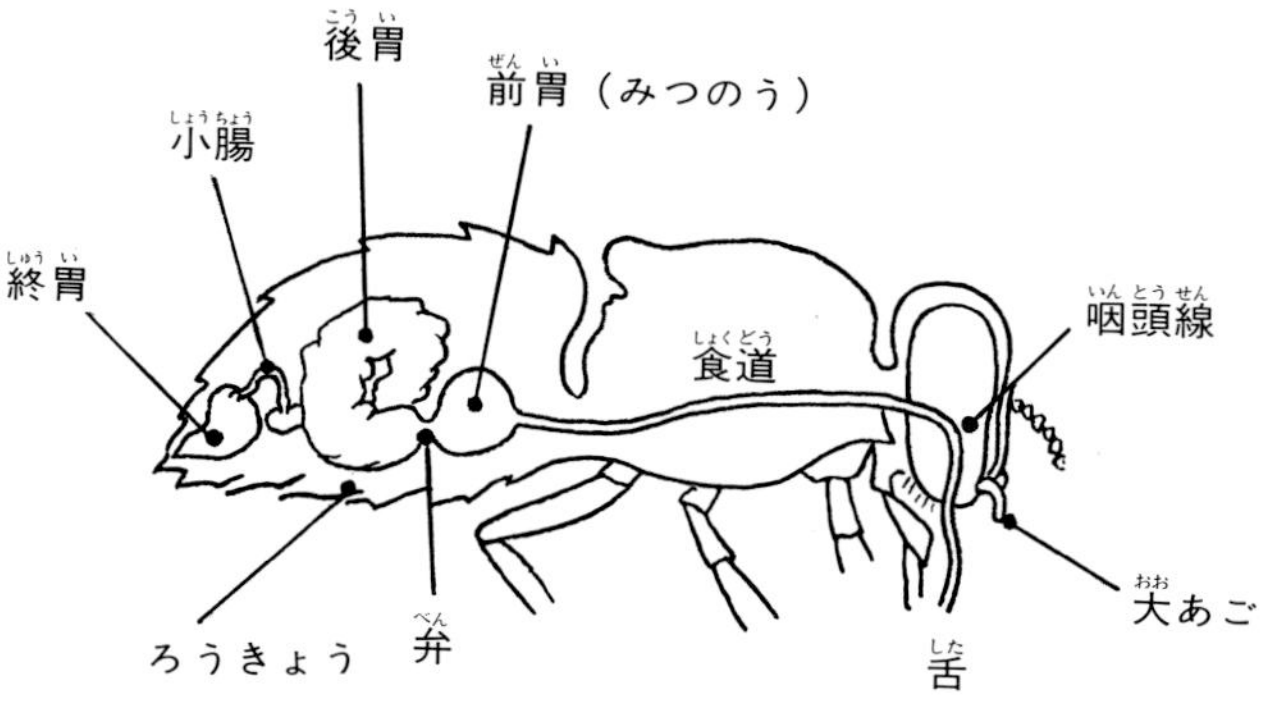

はじめての仕事《しごと》

いもうとバチは、うまれたその日《ひ》一日《にち》は、ねえさんバチのあたたかい世話《せわ》をうけます。口《くち》うつしにあまいみつをもらい、まだしっとりとぬれている毛《け》を、ていねいになめて、ととのえてもらいます。

まっくらな巣《す》の中《なか》では、ぼんやりとしかあいてのすがたをみることができません。でも、いろいろなしぐさをしながら、おたがいのすがたをたしかめあい、においをかぎあいます。おなじ女王《じょおう》バチのたまごからうまれた、きょうだいであることをたしかめあうのです。

「さあ、きょうから仕事《しごと》をひとつひとつおぼえていくのよ。あなたたちにも、りっぱなはたらきバチになってもらわなくちゃね。」

ねえさんバチがいいました。うまれて、たった二日《ふつか》めだというのに、もう仕事《しごと》がはじまったのです。

いもうとバチの羽《はね》は、まだかわききっていないので、みゃくがやわらかく、空《そら》をとぶことはできません。

これからうまれてくるいもうとバチのたまごや幼虫《ようちゅう》たちを、はだ寒《ざむ》い風《かぜ》からまもるために、巣《す》いちめんにおおいかぶさるのが、一日《にち》め、二日《ふつか》めの仕事《しごと》です。少《すこ》しだってつめたい風《かぜ》をとおさないぞ、というように羽《はね》をひろげます。そして、からだをよせあっているねえ

⬆左《ひだり》のはたらきバチから，長《なが》い舌《した》をのばしてみつをうけとるわかいはたらきバチたち。うけとったみつは，はきだしてみつの部屋《へや》につめる。

⬆仕事《しごと》をはじめた，わかいはたらきバチ。誕生後《たんじょうご》，3日《か》もすると，仕事《しごと》ができるようになる。幼虫《ようちゅう》たちに，みつに花《か》ふんをまぜたものやミルクをあたえ，世話《せわ》をする。

さんバチのなかにまじっていきます。

三日《みっか》めです。ねえさんバチが、幼虫《ようちゅう》の世話《せわ》をするすがたをみようみまねで、いもうとバチも幼虫《ようちゅう》の世話《せわ》をはじめました。

外《そと》からかえってきたねえさんバチの口《くち》からは、花《はな》のみつをもらいます。それを部屋《へや》につめたり、みつと花《か》ふんをまぜて幼虫《ようちゅう》たちにたっぷりあたえるのです。

六日《むいか》めです。いもうとバチは、自分《じぶん》のからだの中《なか》に、なにか少《すこ》しずつ変化《へんか》がおこってくることに気《き》づきました。頭《あたま》の中《なか》にある咽頭腺《いんとうせん》から、ふしぎなミルクがわいてくるのです。

「なにもふしぎがることはないのよ。ミルクを、幼虫《ようちゅう》たちにのませてあげなさい。」

ちょうど二十日《はつか》くらいまえ、自分《じぶん》たちがねえさんバチにしてもらったのとおなじ世話《せわ》を、これから半月《はんつき》のちにうまれてくるいもうとたちにするのです。

⬅巣《す》の保温《ほおん》をするはたらきバチ。巣《す》の中《なか》の温度《おんど》がさがると，はたらきバチは，巣《す》の表面《ひょうめん》にすきまなくびっしりあつまり，体温《たいおん》で巣《す》をあたためる。巣《す》の中《なか》の温度《おんど》は，夏《なつ》はせっし35度《ど》くらい，冬《ふゆ》は25度《ど》くらいになっている。

⬇なかまのからだをそうじするはたらきバチ。顔《かお》のまわりや触角《しょっかく》などは，自分《じぶん》の口《くち》や前足《まえあし》でそうじするが，自分《じぶん》でできないところは，なかまにしてもらう。おたがいにそうじをしあって，いつもきれいにしている。

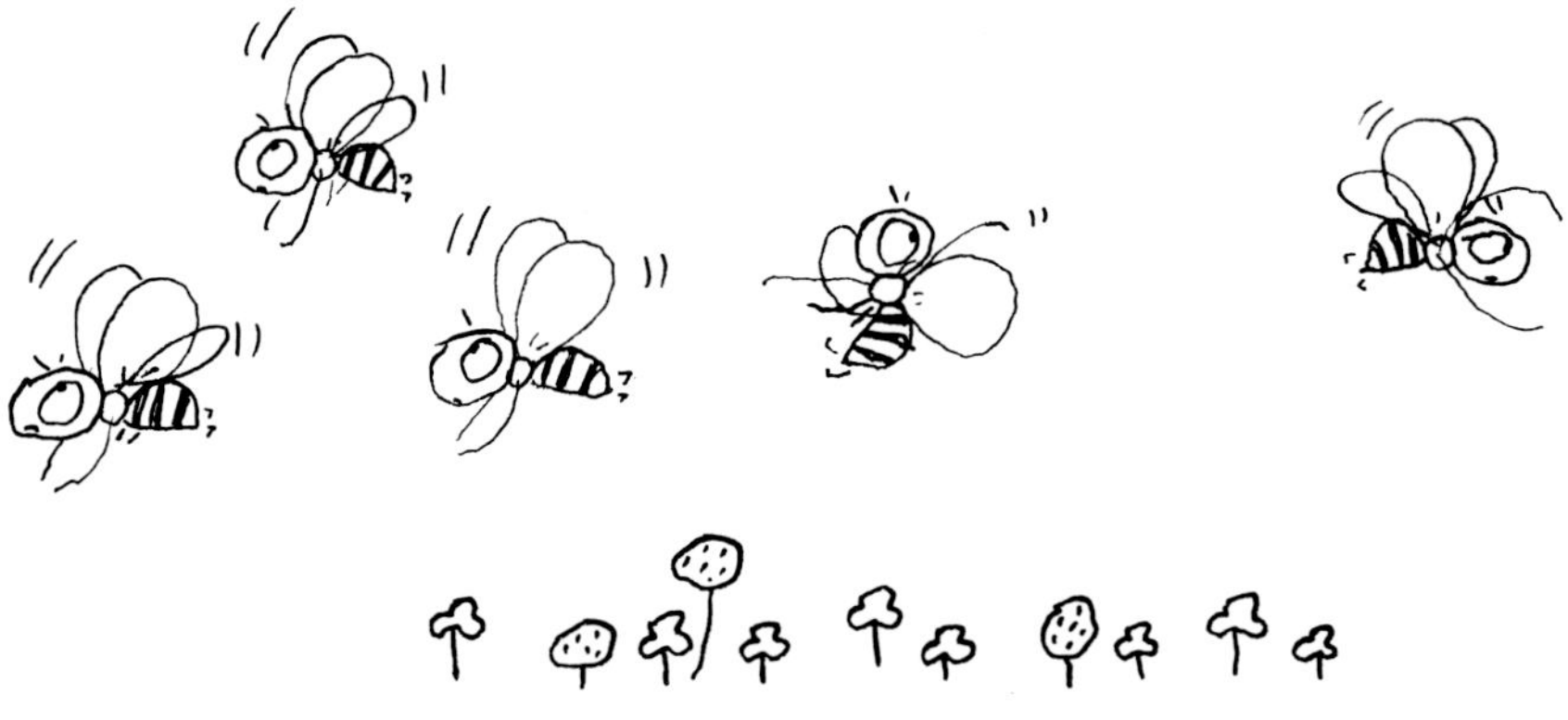

はじめての飛行《ひこう》

十二、三日《にち》め、ミルクの泉《いずみ》がかれはじめました。幼虫《ようちゅう》の世話《せわ》は、あとからうまれてきたハチたちにまかせなければなりません。つぎの仕事《しごと》がまっているのです。ねえさんバチは、巣《す》の外《そと》にいもうとバチをつれてでました。

「さあ、しっかりおききよ。きょう、はじめて空《そら》をとぶのよ。まわりのけしきをよくみて、自分《じぶん》たちの巣《す》がどこにあるのか、しっかりおぼえこむのよ。みんな巣《す》に顔《かお》をむけて、いろんな方向《ほうこう》からたしかめるんですよ。」

ねえさんバチの注意《ちゅうい》がおわると、いもうとバチは、羽《はね》をいっせいにふるわせました。ブーン、ブンブンブーン。

足《あし》が地面《じめん》からはなれ、ふわっとからだがかるくなりました。いもうとバチは、はじめて空《そら》をとびました。ねえさんバチにいわれたとおり、みんな顔《かお》を巣《す》にむけてとびました。だんだん高《たか》く、巣《す》のまわりに、だんだん大《おお》きな円《えん》をえがくようにとびました。

でも、方向《ほうこう》をさだめてとぶのは、たいへんです。どうかすると、からだがとんでもないところに、とんでいってしまいそうです。

「がんばって。巣《す》は、こっちよ。」

ねえさんバチは、はじめて空《そら》をとぶいもうとバチが心配《しんぱい》なのでしょう。巣《す》の入口《いりぐち》でしりを高《たか》くもちあげ、はげしく羽《はね》をふるわせて、みんなに、巣《す》の位置《いち》をしらせる信号《しんごう》をおくりつづけます。

やく三十分後《ぷんご》、いもうとバチは、頭《あたま》の中《なか》に巣《す》の形《かたち》や位置《いち》をしっかりやきこみました。ぶじに巣《す》にもどってきたハチたちは、せわしく羽《はね》をふるわせ、いつまでも、はじめての飛行《ひこう》をよろこびあうのです。

⬆はじめてとんだはたらきバチ。誕生《たんじょう》して12～13日《にち》め，風《かぜ》のないあたたかい日《ひ》，飛行訓練《ひこうくんれん》をする。巣《す》のほうに頭《あたま》をむけてやく30分《ぷん》とびつづけ，自分《じぶん》の巣《す》をおぼえる。

⬇わかいはたらきバチが初飛行《はつひこう》にでると，せんぱいのはたらきバチは，巣《す》の入口《いりぐち》で羽《はね》をうごかして信号《しんごう》をおくる。

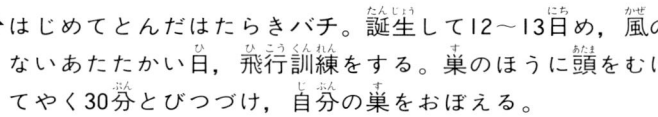

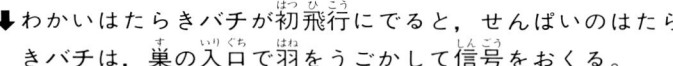

⬆巣《す》を作《つく》るはたらきバチ。巣作《すづく》りのハチは，つながりあったなかまのからだを足場《あしば》にして，ろうをだし，口《くち》でこねながら巣《す》をつくる。

未完成《みかんせい》の自然巣《しぜんす》。少《すこ》しゆがんでいるが，できあがると美《うつく》しい六角形《かっけい》の巣《す》になる。巣《す》のあつさは，やく 2.5センチメートル。

木《き》の枝《えだ》につくられたミツバチの自然巣《しぜんす》。自然《しぜん》の巣《す》は，風雨《ふうう》のあたらない木《き》の枝《えだ》や木《き》のうろの中《なか》につくられることが多《おお》い。

巣《す》作《づく》り

はじめての飛行《ひこう》をおわったいもうとバチには、もうひとつ、たいせつな仕事《しごと》がまっています。巣《す》作《づく》りです。

誕生後《たんじょうご》、十四日《か》めをすぎると、いもうとバチのおなかから、さかんにうすいろうがにじみでてきます。このろうが、巣《す》の材料《ざいりょう》になるのです。

「きちっと六角形《かっけい》につくるのですよ。みつがこぼれないように、少《すこ》し上《うわ》むきにつくるのですよ。うらがわの巣《す》の位置《いち》をずらすことをわすれないでね。」

ねえさんバチの注意《ちゅうい》がおわると、いっせいに巣《す》作《づく》りがはじまります。

いもうとバチは、むらがり、サーカスのようにつらなります。そして、触角《しょっかく》や足《あし》でたくみに寸法《すんぽう》をはかり、口《くち》でろうをこねます。

こうして美《うつく》しい六角形《かっけい》の巣《す》ができるのです。

➡巣《す》にもどるひみつ　遠《とお》くにある花《はな》のみつや花《か》ふんをとりにいったミツバチは，太陽光線《たいようこうせん》をてがかりに自分《じぶん》の巣《す》にもどる。くもった日《ひ》でも，自分《じぶん》のすすむ方向《ほうこう》と太陽《たいよう》との角度《かくど》で方角《ほうがく》をしり，巣《す》にもどることができる。これを太陽《たいよう》コンパス，または光《ひかり》のコンパスとよんでいる。

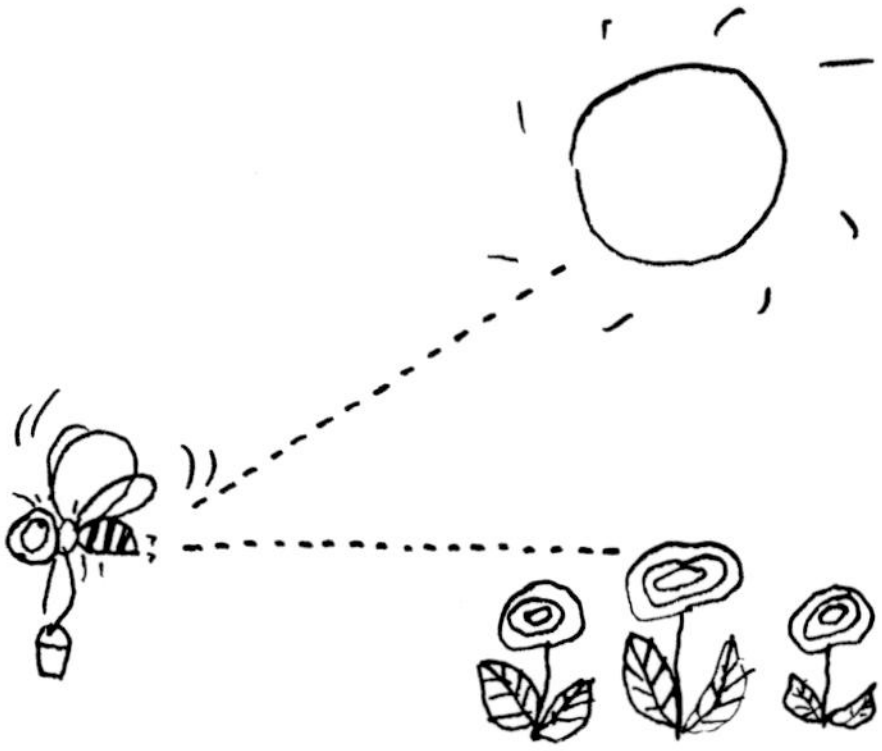

花《はな》から花《はな》へ

明《あか》るい春《はる》の日《ひ》ざしが、巣箱《すばこ》のすきまからさしこんできます。

誕生《たんじょう》からやく二十日《はつか》がすぎ、羽《はね》も足《あし》もじょうぶになり、いもうとバチもねえさんバチにまけないほどたくましくなりました。巣《す》の中《なか》の仕事《しごと》はあとからうまれてきたハチにゆずります。巣《す》の外《そと》に花《はな》をもとめて、とびたつ日《ひ》がきたのです。

ねえさんバチが、とびたちをまえに、はしゃぐいもうとバチたちをたしなめていいました。

「おまえたちも、もうひとりまえのはたらきバチです。自分《じぶん》で花《はな》をさがして、女王《じょおう》やおさないなかまたちのために、みつや花《か》ふんをあつめてくるのです。わがままや、かってなふるまいはゆるしません。おまえたちの力《ちから》で、わたしたちの社会《しゃかい》をまもっていくのですから。」

風《かぜ》が、巣箱《すばこ》のそばをプイッとよこぎりました。それをあいずに、いもうとバチ、いいえ、もうりっぱなはたらきバチが、つぎつぎに巣《す》をはなれ、空《そら》にとびたちました。

はたらきバチは、花《はな》をもとめて、高《たか》く低《ひく》くとびつづけます。むねをはり、おもいっきり羽《はね》をふるわせて、とびつづけます。

ミツバチにとって、花《はな》のみつや花《か》ふんはたいせつな食《しょく》りょうです。

↑ひらたくて，はばの広《ひろ》い後《うし》ろ足《あし》には，かたいじょうぶな毛《け》がたくさんはえている。この毛《け》に花《か》ふんをまるめてつけ，もちはこぶ。

↑花《か》ふんのダンゴをつけたはたらきバチ。後《うし》ろ足《あし》には，花《か》ふんをあつめてつくったダンゴをつけている。巣《す》にかえるまえに，草《くさ》の上《うえ》で少《すこ》し休《やす》み，前足《まえあし》のていれをしている。

↓ツバキの花《はな》から，花《か》ふんをあつめるはたらきバチ。花《か》ふんを前足《まえあし》につけて，とびながらその花《か》ふんを後《うし》ろ足《あし》にあつめ，ダンゴを大《おお》きくしていく。

はたらきバチは、まず目《め》で花《はな》の色《いろ》や形《かたち》をみつけます。そして、触角《しょっかく》で花《はな》のにおいをかぎわけます。花《はな》に近《ちか》づくと、前足《まえあし》をせわしくうごかし、みつや花《か》ふんをさぐりあてます。

はたらきバチは、口《くち》をのばしてみつをすいます。からだについた花《か》ふんは、とびながら足《あし》でたくみにダンゴの形《かたち》にして、後《うし》ろ足《あし》の毛《け》につけるのです。

←ミツバチのダンス。はたらきバチは、花《はな》からみつや花《か》ふんをあつめてかえってくると、巣《す》の上《うえ》を走《はし》りまわりながら、しりふりダンスをする（矢印《やじるし》のハチ）。このダンスによって、みつや花《か》ふんのあった場所《ばしょ》をなかまにおしえる。

しりふりダンス

おなかいっぱいにみつをつめこみ、後《うし》ろ足《あし》に、大《おお》きな花《か》ふんダンゴをつけて、はたらきバチたちが、はじめての仕事《しごと》から、つぎつぎと巣《す》にかえってきました。

そして巣《す》でまっていた、まだおさないいもうとバチに、口《くち》うつしでみつをはきだします。いもうとバチは、そのみつを小部屋《こべや》にどんどんためます。

花《か》ふんダンゴは、足《あし》のとげにひっかけて、じょうずに自分《じぶん》でとりはずし、べつの小部屋《こべや》におしつぶすようにしてつめます。

ねえさんバチが、ひときわ大《おお》きい花《か》ふんダンゴをかかえて、おもいからだをひきずるようにして、かえってきました。そして、巣《す》の上《うえ》ではげしく羽《はね》をふり、しりをふってダンスをはじめました。

右《みぎ》に左《ひだり》に、円《えん》をえがくように、つぎに大《おお》きく8の字《じ》をえがくようにおどりつづけます。そのまわりにねえさんバチがぞろぞろあつまり、触角《しょっかく》でさわりはじめました。

ねえさんバチが、いもうとバチにいいました。

「なにをぼんやりしているの。花《はな》がいっぱいさいている畑《はたけ》がみつかったのよ。円《えん》をえがいたときは、花畑《はなばたけ》は近《ちか》いのよ。8の字《じ》だったら遠《とお》いのよ。さあ、おまえたちも花《はな》のにおいをよくおぼえて、みつをとりにいきなさい。」

ダンスは、花畑《はなばたけ》のある場所《ばしょ》をなかまにしらせるあいずなのです。

ねえさんバチは、花畑《はなばたけ》をめざしてどんどんとびたっていきました。

いもうとバチもまけてはいません。触角《しょっかく》をダンスをしているハチのからだにふれて、みつのにおいをすっかりおぼえこみます。やがて、そのみつをもとめて、いきおいよくとびたっていきました。

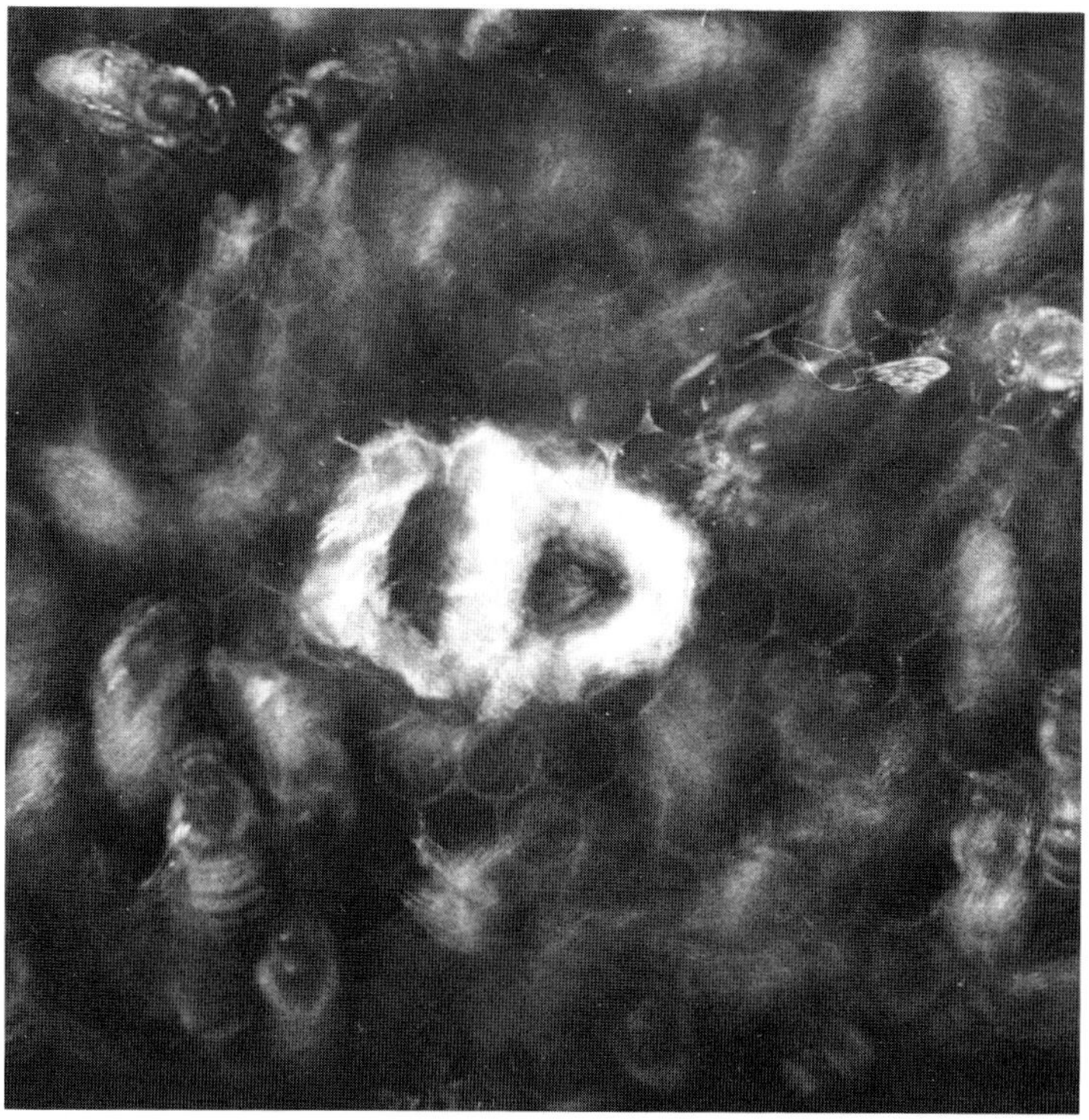

⬆はたらきバチのダンス(円舞《えんぶ》)。ダンスをしているハチにライトをあて，ハチのうごきをおって光《ひかり》を移動《いどう》させて撮影《さつえい》した。ハチが8の字形《じがた》にダンスをし，まわりのハチもさかんにうごいている。

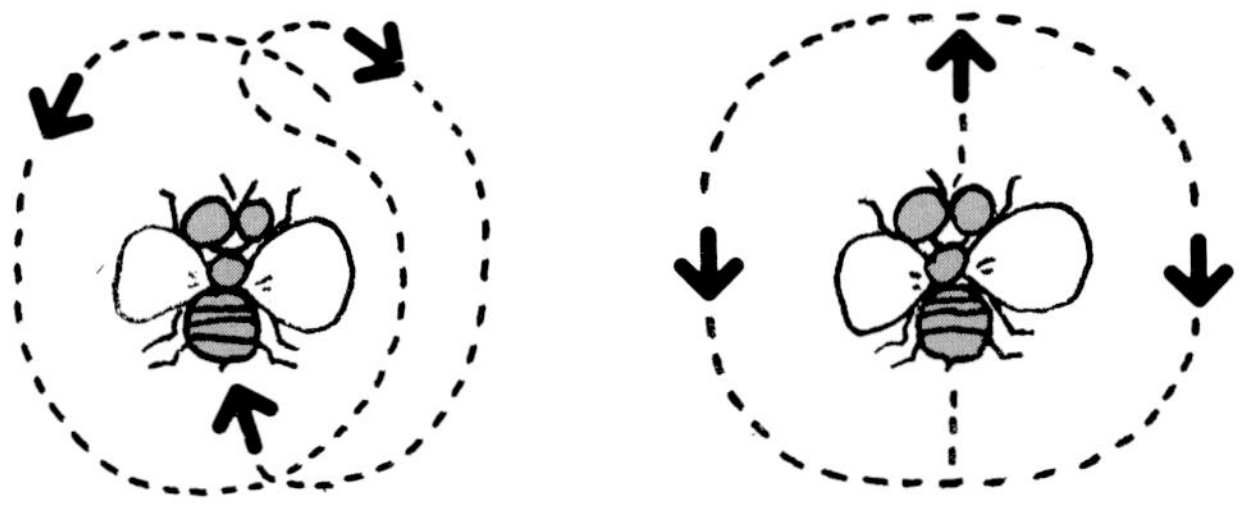

▲50〜100メートルのあいだにえさがあるとき，円形《えんけい》のダンスをする。

▲100メートルより遠《とお》くにえさがあるとき，8の字《じ》のダンスをする。

花《か》ふんをつめるはたらきバチ。はたらきバチは，花《か》ふんをもってかえると，花《か》ふんをいれる部屋《へや》をさがす。部屋《へや》がみつかると，花《か》ふんのついている後《うし》ろ足《あし》を部屋《へや》の中《なか》にいれて，すばやくかきおとす。

巣《す》の断面《だんめん》。ひとつの部屋《へや》に，いろいろな種類《しゅるい》の花《はな》の花《か》ふんがいっしょにいれてある。はたらきバチがあらゆる花《はな》をおとずれていることがわかる。上《うえ》はみつの部屋《へや》，下《した》はさなぎと幼虫《ようちゅう》の部屋《へや》。

⬆アズチグモにつかまったはたらきバチ。キクの花《はな》にみつをとりにきて，そこにまちかまえていたクモにつかまってしまった。

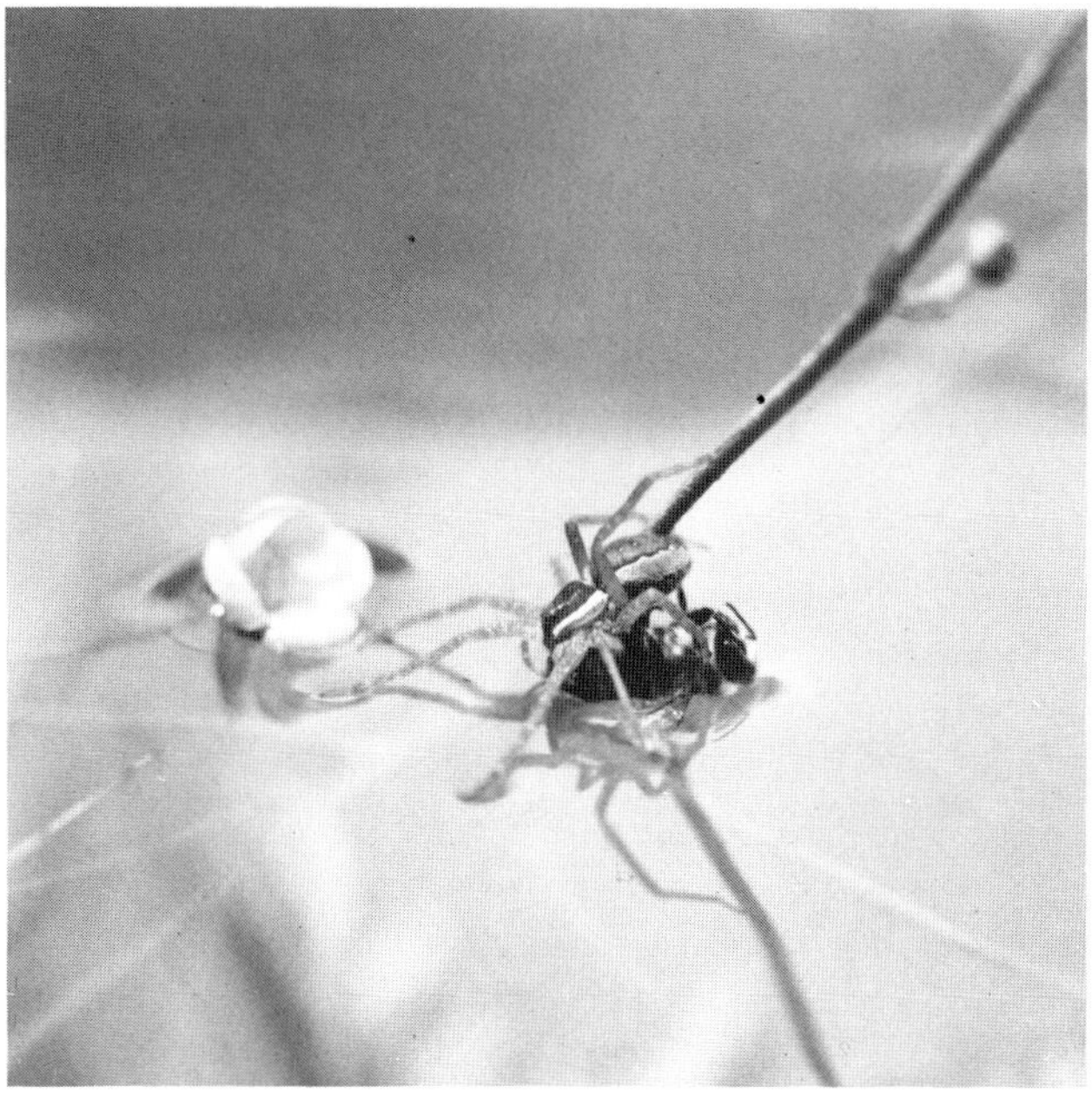

⬆水面《すいめん》におちてもがいているはたらきバチが，水面《すいめん》を矢《や》のようにはしってきたハシリグモにつかまってしまった。

⬆ツツジの花《はな》のつぼみは，ベトベトしていて，うっかりとまったはたらきバチが，うごけなくなってしまった。

なかまたちの死《し》

はたらきバチは、朝《あさ》はやくから夕方《ゆうがた》まで、花《はな》から花《はな》へみつをもとめて、巣《す》から二キロメートルにもおよぶ場所《ばしょ》をとびまわります。

からだにみつをいっぱいためこみ、後《うし》ろ足《あし》にも花《か》ふんダンゴをつけてとぶことは、小《ちい》さいはたらきバチにとってたいへんな仕事《しごと》です。

そのおもさにたえきれずに、力《ちから》つきて地面《じめん》におちてしまうハチが、たくさんいます。

花《はな》をみつけても、ゆだんはできません。花《はな》とそっくりの色《いろ》のクモが、花《はな》の上《うえ》でまちぶせているかもしれません。

巣《す》の外《そと》には、きけんがいっぱいです。でも、はたらきバチは、どんなきけんをもおそれていません。

はたらきバチは、自分《じぶん》の力《ちから》で食《しょく》りょうをはこばなければ、たちまち巣《す》がほろんでしまうことをしっているのでしょうか。

女王《じょおう》バチの産卵《さんらん》

ひとつの巣《す》は、なん万《まん》びきというミツバチからなりたっています。このミツバチの社会《しゃかい》には、女王《じょおう》バチは、一ぴきしかいません。

女王《じょおう》バチのからだは、とくに大《おお》きく、ふとく長《なが》いおなかは、あか

産卵《さんらん》する女王《じょおう》バチ(中央《ちゅうおう》)。女王《じょおう》バチは，巣《す》の中《なか》をいつも歩《ある》きまわりながら，ひとつひとつ触角《しょっかく》をいれて，からっぽの部屋《へや》をさがす。部屋《へや》がみつかると，中《なか》に腹《はら》をさしこんで産卵《さんらん》する。女王《じょおう》バチのまわりには，いつもたくさんのはたらきバチがついていて，女王《じょおう》バチのからだのていれをしたり，えさをあたえたりしている。女王《じょおう》バチは，ただたまごをうむことに専念《せんねん》する。

ミツバチのたまご。部屋《へや》の底《そこ》にうみつけられたたまごは，長さ2.5ミリくらい。はじめはまっすぐたっているが，だんだんたおれてくる。3日《か》めには，ふ化《か》して幼虫《ようちゅう》になる。

みが強《つよ》いつやのあるかっ色《しょく》をしています。だからたくさんのはたらきバチのなかにいても、すぐみわけがつきます。

女王《じょおう》バチの仕事《しごと》は、たまごをうむことだけです。

女王《じょおう》バチのまわりには、いつも世話役《せわやく》のはたらきバチが数《すう》ひき、つれそっています。

「どいとくれ、どいとくれ、女王《じょおう》さまのおとおりですよ！」

女王《じょおう》バチは、おもいからだをひきずるようにして、巣《す》の上《うえ》をはいまわります。そして、まだあいている小部屋《こべや》をみつけると、おなかをさしこみ、部屋《へや》の底《そこ》にひとつひとつ、たまごをうみつけます。

女王《じょおう》バチは、ふしぎな力《ちから》をもっています。はたらきバチがうまれるめすたまごと、おすバチがうまれるおすたまごを、自由《じゆう》にうみわけることができます。

女王《じょおう》バチが、一日《にち》にうみつけるたまごの数《かず》は、千《せん》こから千五百《せんごひゃく》こ、ときには三千《ぜん》こになることもあります。

女王《じょおう》バチは、一生《いっしょう》、まっくらな巣《す》の中《なか》でたまごをうみつづけ、一度《ど》も花《はな》をおとずれることはありません。

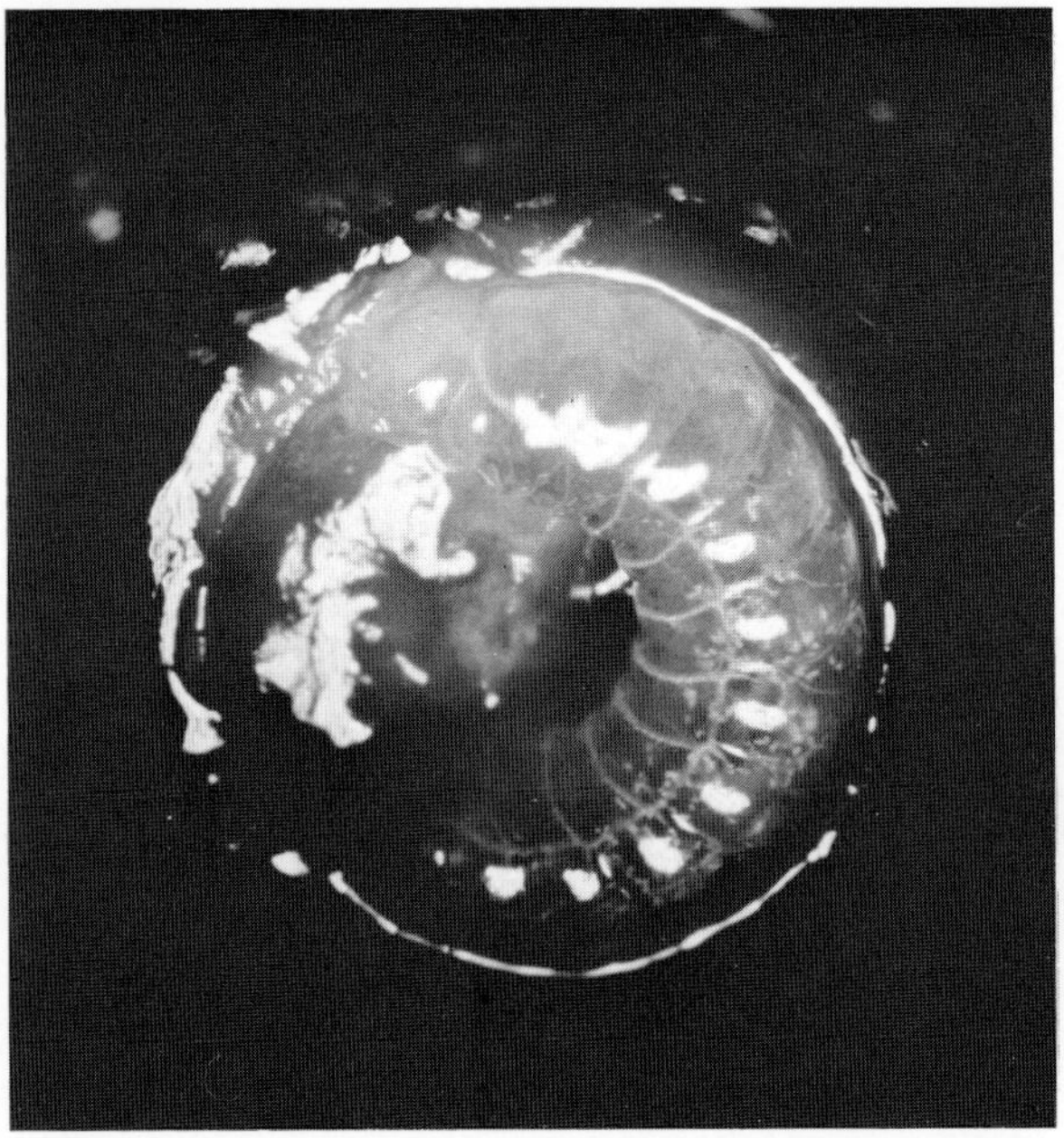

⬆ミルクでそだつうまれたばかりの幼虫《ようちゅう》。幼虫《ようちゅう》は，はたらきバチのだすミルクでそだつが，3日《か》もすると，みつと花《か》ふんでそだてられる。

⬆幼虫《ようちゅう》の世話《せわ》をするはたらきバチ。ふ化《か》まもない幼虫《ようちゅう》は小《ちい》さいので，はたらきバチは部屋《へや》のおくまでからだをいれてミルクをあたえる。

幼虫《ようちゅう》の成長《せいちょう》

幼虫《ようちゅう》の世話《せわ》は、つぎつぎに新《あたら》しくうまれてくるいもうとバチが、ひきついでいきます。

たまごがうみつけられて三日《みっか》め、はたらきバチたちは、頭《あたま》の中《なか》にある咽頭腺《いんとうせん》からでるミルクを、たまごのまわりにそそいでやります。

たまごからかえったばかりの幼虫《ようちゅう》は、このミルクをのんでそだちます。四、五日《にち》たった幼虫《ようちゅう》には、こんどは花《か》ふんにみつをまぜてあたえます。

幼虫《ようちゅう》は、日一日《ひいちにち》と大《おお》きくなり、わずか一週間《しゅうかん》で小部屋《こべや》いっぱいになります。そして七日《なのか》め、幼虫《ようちゅう》は口《くち》から糸《いと》をはいてまゆを作《つく》り、その中《なか》でさなぎになります。

はたらきバチは、部屋《へや》の外《そと》からしっかりとふたをしてやります。

二十一日《にち》後《ご》には、羽化《うか》したいもうとバチが、巣《す》のふたを食《く》いやぶって顔《かお》をだすでしょう。

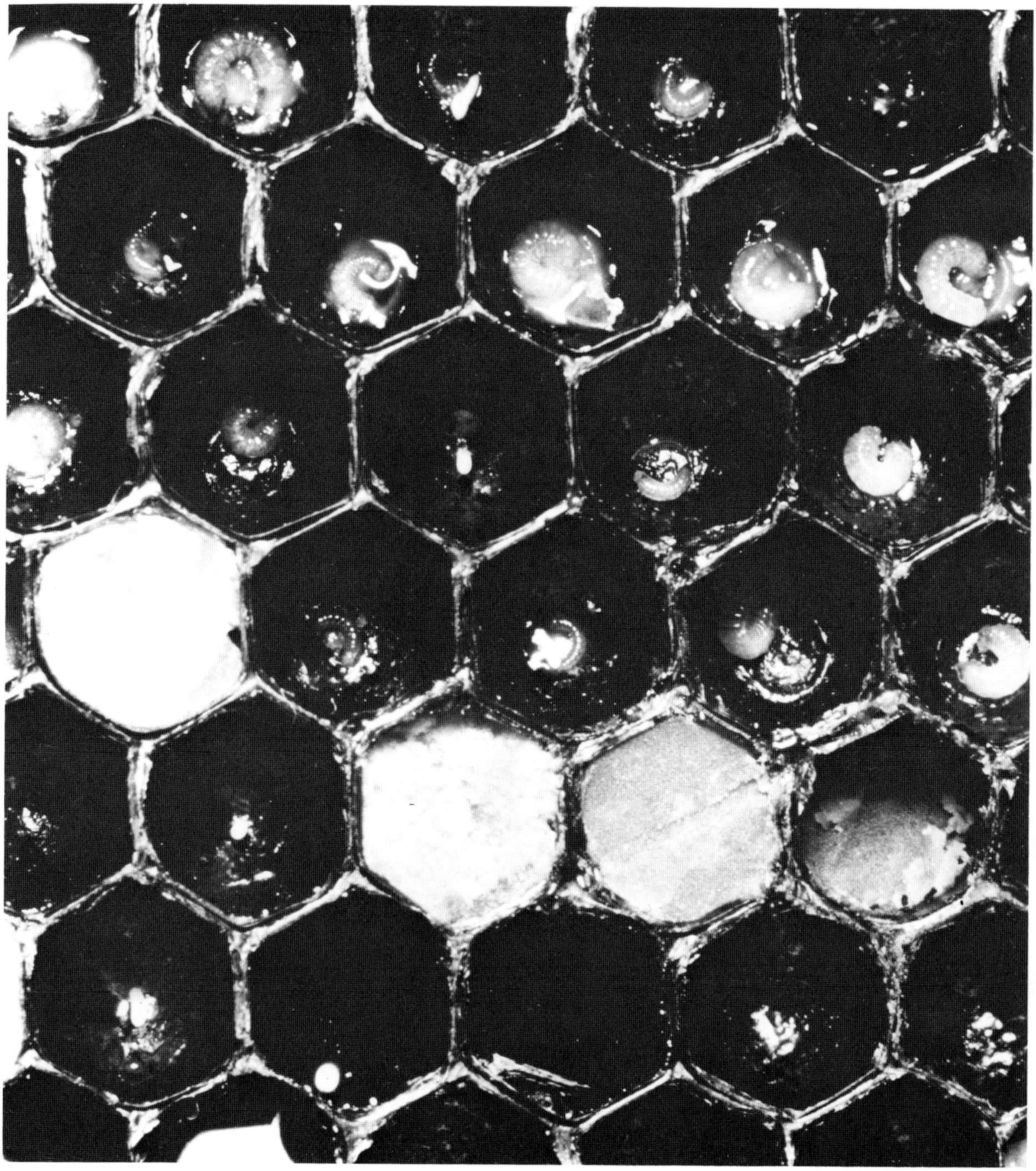

⬆巣《す》の中《なか》のたまご・幼虫《ようちゅう》・みつ・花《か》ふんの部屋《へや》。一ばん大《おお》きな幼虫《ようちゅう》でも，まだふ化《か》して２日《か》めくらい。はたらきバチの咽頭腺《いんとうせん》からでるミルクでそだてられる。

ミツバチをねらうヒキガエル。夏《なつ》の夜《よる》になると，ヒキガエルはミツバチをねらって巣《す》に近《ちか》づいてくる。そして巣《す》の入口《いりぐち》にいるミツバチを，長《なが》い舌《した》でペロペロなめとって食《た》べる。

スムシの害《がい》をうけた巣《す》。スムシは，ミツバチの巣《す》に寄《き》生《せい》するガの一種《しゅ》。成虫《せいちゅう》（円内《えんない》）は，日中《にっちゅう》は木《こ》かげなどにかくれている。夕方《ゆうがた》になるととびだしてきてミツバチの巣《す》にはいりこみ，たまごをうみつける。ふ化《か》した幼虫《ようちゅう》は，ミツバチの巣《す》を食《た》べてそだつ。食《た》べられた巣《す》はぼろぼろになり，ひどくなるとハチは，その巣《す》をすててにげていってしまうこともある。

おそろしい敵《てき》　スムシ・スズメバチ

ある日《ひ》、ミツバチの巣《す》の中《なか》で、おおさわぎがもちあがりました。

「たいへんだ。巣《す》がぼろぼろになっている。」

ねえさんバチがみんなをしずめるように、

「おちつくのよ。これは、スムシのしわざ。さあ、みんなでスムシをおいだしましょう。」

スムシは、ハチミツガの幼虫《ようちゅう》です。ミツバチの巣《す》にこっそりしのびこみ、巣《す》を食《た》べてぼろぼろにしてしまい、せっかくためたみつや花《か》ふんをよこどりしてしまうのです。

はたらきバチはスムシを見《み》つけると、どくばりをつきさし、巣《す》の外《そと》にひきずりだします。

女王《じょおう》バチが、みんなをあつめていいました。

「ゆだんしてはいけません。秋《あき》には、もっとおそろしいスズメバチがみつをねらって、やってきます。巣《す》をまもるために、みんなで力《ちから》をあわせて、たたかわなければなりません。」

⬆コガタスズメバチとたたかうはたらきバチ。はたらきバチは，大《おお》きなスズメバチに大勢《おおぜい》でとびかかっていく。１ぴきの場合《ばあい》は，やっつけることができるが，大群《たいぐん》でくると，まけてぜんめつすることがある。

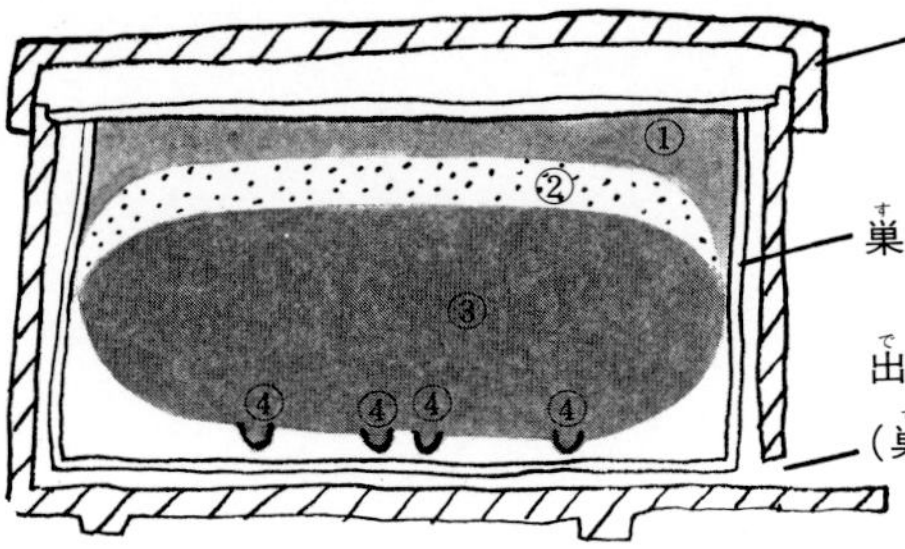

①みつをためるところ
②花《か》ふんをためるところ
③幼虫《ようちゅう》をそだてるところ
④王台《おうだい》（下《した》にたれさがるようにつくられる）

➡巣《す》の断面《だんめん》
巣《す》はみつがこぼれないように，ややかたむきをつけてつくられる。うらの巣《す》とは，たがいちがいになっている。

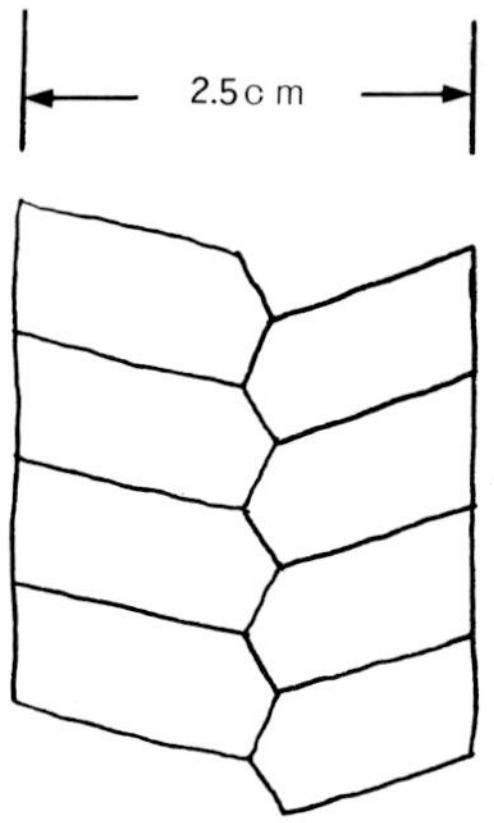

王《おう》台《だい》作《づく》り

もうすぐ夏《なつ》です。花《はな》から花《はな》へとびかうはたらきバチの数《かず》がどんどんふえ、ミツバチの社会《しゃかい》は、ますます活発《かっぱつ》になってきました。

そして、新《あたら》しいかぞくがくわわりました。おすバチです。でも、おすバチはなにも仕事《しごと》をせず、ただ、はたらきバチに食《た》べものをもらっているだけです。

そんなある日《ひ》、ミツバチの社会《しゃかい》では、はたらきバチがあつまって、たいせつな相談《そうだん》がはじまりました。

「かぞくがおおくなりすぎた。これいじょう巣《す》を大《おお》きくできない。」

「べつに新《あたら》しい巣《す》を作《つく》ればいい。」

「それでは、大《おお》いそぎでこれからうまれてくるいもうとバチのために、新《あたら》しい女王《じょおう》さまをそだてておかなくては。」

相談《そうだん》がまとまってまもなく、はたらきバチは、女王《じょおう》バチをそだてるとくべつな部屋《へや》〝王台《おうだい》〟をつくりはじめました。

王台《おうだい》は、はたらきバチをそだてる小部屋《こべや》よりもずっと大《おお》きく、形《かたち》もちがいます。巣《す》の下《した》がわに長《なが》く、たれさがるように数《すう》か所《しょ》作《つく》られ、まるでラッカセイのさやのような形《かたち》をしています。

女王《じょおう》バチは、まず第《だい》一の王台《おうだい》にたまごをうみつけると、数日《すうじつ》おき

➡巣箱《すばこ》(人工巣《じんこうす》)のしくみ。巣箱《すばこ》の中《なか》には，板《いた》のようになった巣《す》(巣脾《そうひ》という)が8〜10枚《まい》はいっている。図《ず》はそのうちの1枚《まい》をみたもの。みつや花《か》ふんをためる部屋《へや》は，およそ図《ず》のようになっているが，はっきりした形《かたち》はきまっていない。

⬅王台《おうだい》をつくるはたらきバチ。新《あたら》しい女王《じょおう》バチをそだてるために，はたらきバチは，王台《おうだい》といわれるとくべつの，大《おお》きな部屋《へや》をつくりはじめる。

⬇王台《おうだい》の中《なか》にうみつけられたたまご。王台《おうだい》はまだ未《み》完成《かんせい》で，さらにつくりつづけられて，下《した》のほうへのびていく。

に、つぎつぎに全部《ぜんぶ》の王台《おうだい》にうみつけます。

三日《みっか》め、幼虫《ようちゅう》がふ化《か》すると、はたらきバチは咽頭腺《いんとうせん》からでてくるとくべつなミルク、ロイヤル・ゼリーをたっぷりあたえます。

王台《おうだい》の中《なか》の幼虫《ようちゅう》は、まるでロイヤル・ゼリーの上《うえ》にういているようです。

↑完成《かんせい》した王台《おうだい》。王台《おうだい》の中《なか》の女王《じょおう》バチの幼虫《ようちゅう》が大《おお》きくなるにつれ，あたえられるロイヤル・ゼリーの量《りょう》は多《おお》くなり，やがて王台《おうだい》にはふたがされる。左《ひだり》がわの二つの王台《おうだい》は，すでにふたがされてあり，右《みぎ》がわの王台《おうだい》は，はたらきバチがふたをとじようとしている。

←王台《おうだい》の中《なか》のロイヤル・ゼリーと，その中《なか》でそだつ女王《じょおう》バチの幼虫《ようちゅう》。王台《おうだい》の中《なか》にうみつけられるたまごは，はたらきバチになるたまごとまったくおなじものだが，ふ化《か》したばかりの幼虫《ようちゅう》に，はたらきバチのだすロイヤル・ゼリーというとくべつなミルクをあたえると，その幼虫《ようちゅう》は女王《じょおう》バチになる。

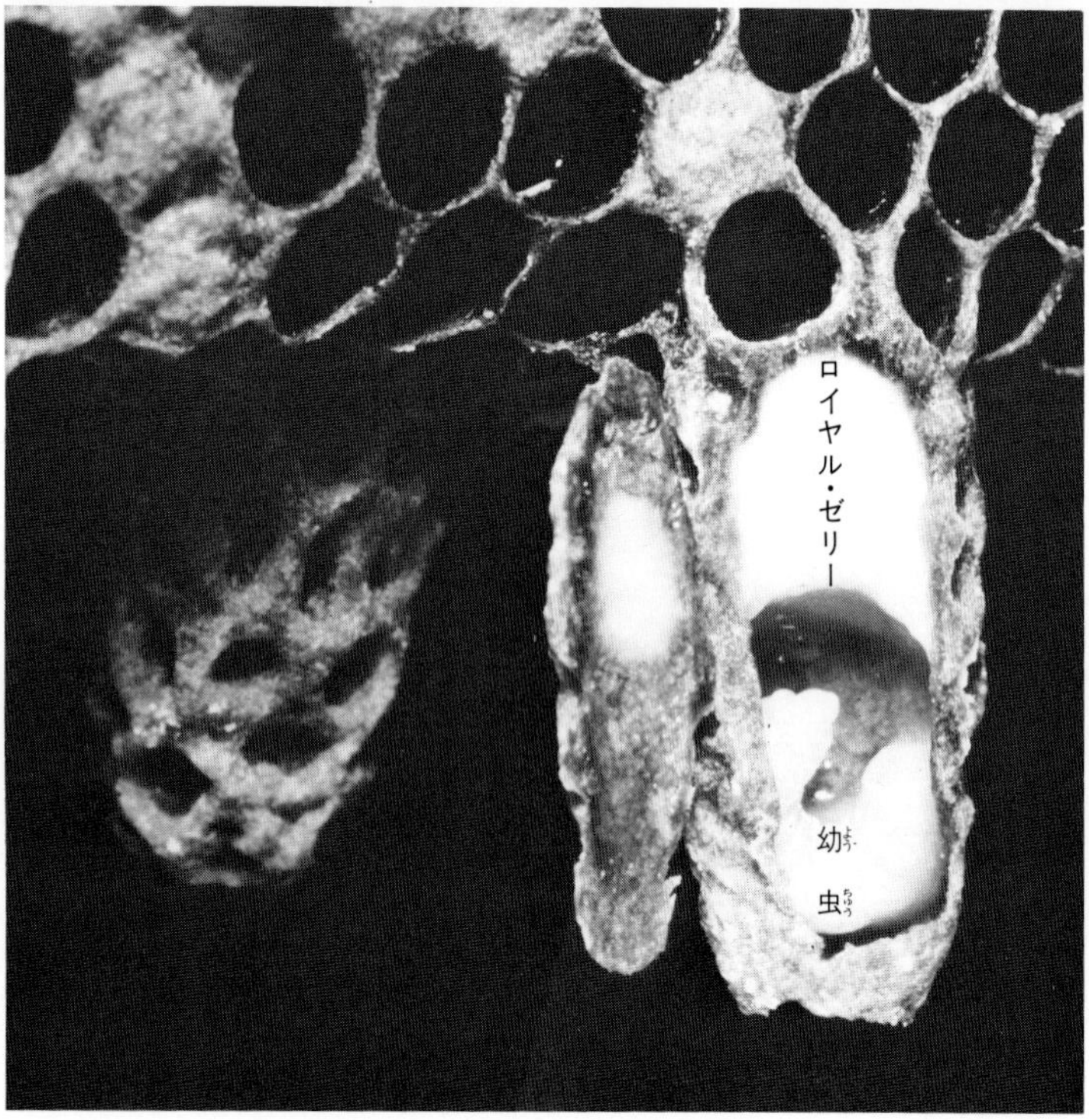

➡王台《おうだい》の中《なか》のロイヤル・ゼリーと幼虫《ようちゅう》。はたらきバチの幼虫《ようちゅう》は，はじめはミルクで，大《おお》きくなるとみつと花《か》ふんでそだてられるが，女王《じょおう》バチの幼虫《ようちゅう》は，はじめからおわりまでロイヤル・ゼリーでそだてられる。

ロイヤル・ゼリーのひみつ

　ロイヤル・ゼリーには、ふしぎな力《ちから》があります。おなじめすたまごからうまれた幼虫《ようちゅう》なのに、花《か》ふんにみつをまぜた食《た》べものでははたらきバチになり、ロイヤル・ゼリーだけでそだてられると、女王《じょおう》バチに成長《せいちょう》するのです。

　ロイヤル・ゼリーのふしぎな力《ちから》のおかげで、女王《じょおう》バチは、はたらきバチがたった一か月《げつ》ほどで一生《いっしょう》をおわるのにくらべ、三年《ねん》から五年《ねん》という年月《ねんげつ》をいきつづけ、たまごをうみつづけることができます。

　ロイヤル・ゼリーは、誕生後《たんじょうご》一週間《しゅうかん》をすぎたばかりのわかいはたらきバチの咽頭腺《いんとうせん》からでてきます。その成分《せいぶん》は、たんぱく質《しつ》、でんぷん、しぼうのほかは、いろいろな種類《しゅるい》のビタミン、それになにかとくべつな成分《せいぶん》がふくまれています。

　はたらきバチは、いれかわりたちかわり、王台《おうだい》にロイヤル・ゼリーをつめこみます。その量《りょう》は、幼虫《ようちゅう》の成長《せいちょう》とともにふえ、四百《ひゃく》ミリグラムほどになったところで、はたらきバチは、部屋《へや》の入口《いりぐち》にかたくふたをしてしまいます。

王台《おうだい》の中《なか》で幼虫《ようちゅう》は、ロイヤル・ゼリーをどんどん食《た》べて成長《せいちょう》をつづけます。そして七日《なのか》め、さなぎに変身《へんしん》します。

さなぎは、はじめはまっ白《しろ》なからだをしていますが、成長《せいちょう》とともにからだ全体《ぜんたい》がきいろみをおびてきます。目《め》がだんだん黒《くろ》ずんでくると、もう新女王《しんじょおう》バチの誕生《たんじょう》がまぢかにせまっているのです。

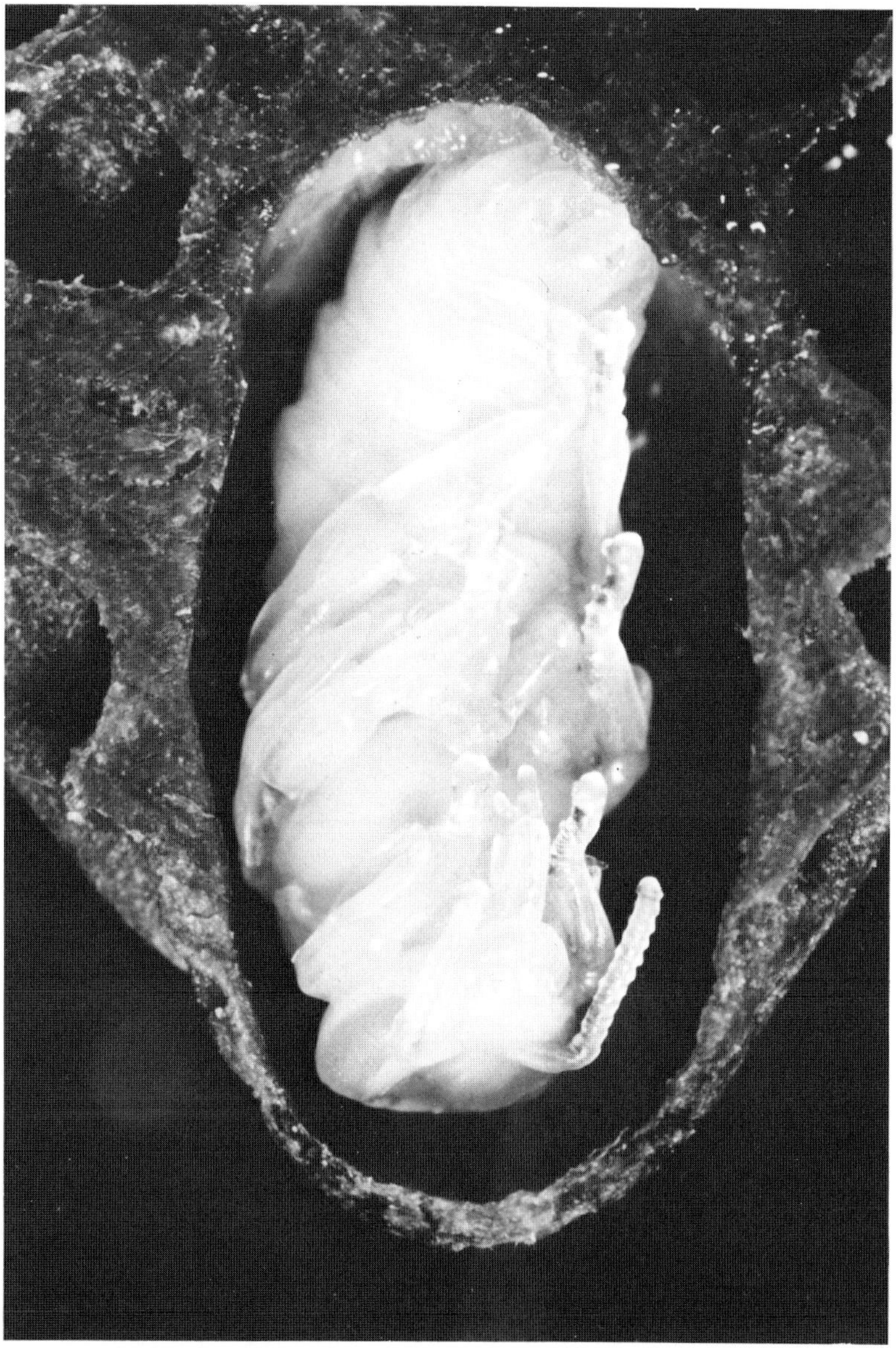

⬆王台《おうだい》の中《なか》の女王《じょおう》バチのさなぎ。ふ化《か》して6日《か》めでさなぎになる。女王《じょおう》バチの幼虫《ようちゅう》の期間《きかん》は，はたらきバチとおなじ6日《か》だが，さなぎの期間《きかん》は，7日《か》ではたらきバチの12日《にち》にくらべて，ずっと短《みじか》い。

↑女王《じょおう》バチの誕生《たんじょう》。さなぎになって7日《か》め，まゆを食《く》いやぶって，新女王《しんじょおう》が誕生《たんじょう》する。これから，数日《すうじつ》のちに結婚飛行《けっこんひこう》にとびたち，一生《いっしょう》たまごをうむ仕事《しごと》がまっている。

⬆女王《じょおう》バチのたたかい。2ひきの女王《じょおう》バチが同《どう》時《じ》にうまれると，女王《じょおう》バチどうしでたたかいをはじめ，どちらか一方《ぽう》が死《し》ぬまでたたかう。

⬆王台《おうだい》をこわす新女王《しんじょおう》バチ(中央《ちゅうおう》)。うまれでた女王《じょおう》バチは，ほかの王台《おうだい》に外《そと》からはりをつきさして中《なか》の幼虫《ようちゅう》やさなぎをころす。

新《しん》女王《じょおう》の誕生《たんじょう》

さなぎになって一週間《しゅうかん》たちました。いよいよ新《しん》女王《じょおう》の誕生《たんじょう》です。大勢《おおぜい》のはたらきバチがみまもるうちに、羽化《うか》した新《しん》女王《じょおう》バチが、かべをまるくかみきって、外《そと》へでてきます。

「おめでとう、おめでとう。」

はたらきバチは、新《あたら》しい女王《じょおう》の誕生《たんじょう》を羽《はね》をふるわせてよろこびあいます。

とつぜん新《しん》女王《じょおう》バチは、ほかの王台《おうだい》にはりをつきさし、中《なか》の幼虫《ようちゅう》やさなぎをつぎつぎにころしはじめました。

そうです。ミツバチの社会《しゃかい》では、二ひきの女王《じょおう》はゆるされないのです。もし、同時《どうじ》に二ひきの新《しん》女王《じょおう》バチがうまれてきたときは、一方《ぽう》が死《し》ぬまでたたかいます。

新《しん》女王《じょおう》は、それから数日《すうじつ》のうちに、おすバチをひきつれて結婚《けっこん》飛行《ひこう》にとびたち、高《たか》い空《そら》の上《うえ》で、そのうちの一ぴきと結婚《けっこん》をします。

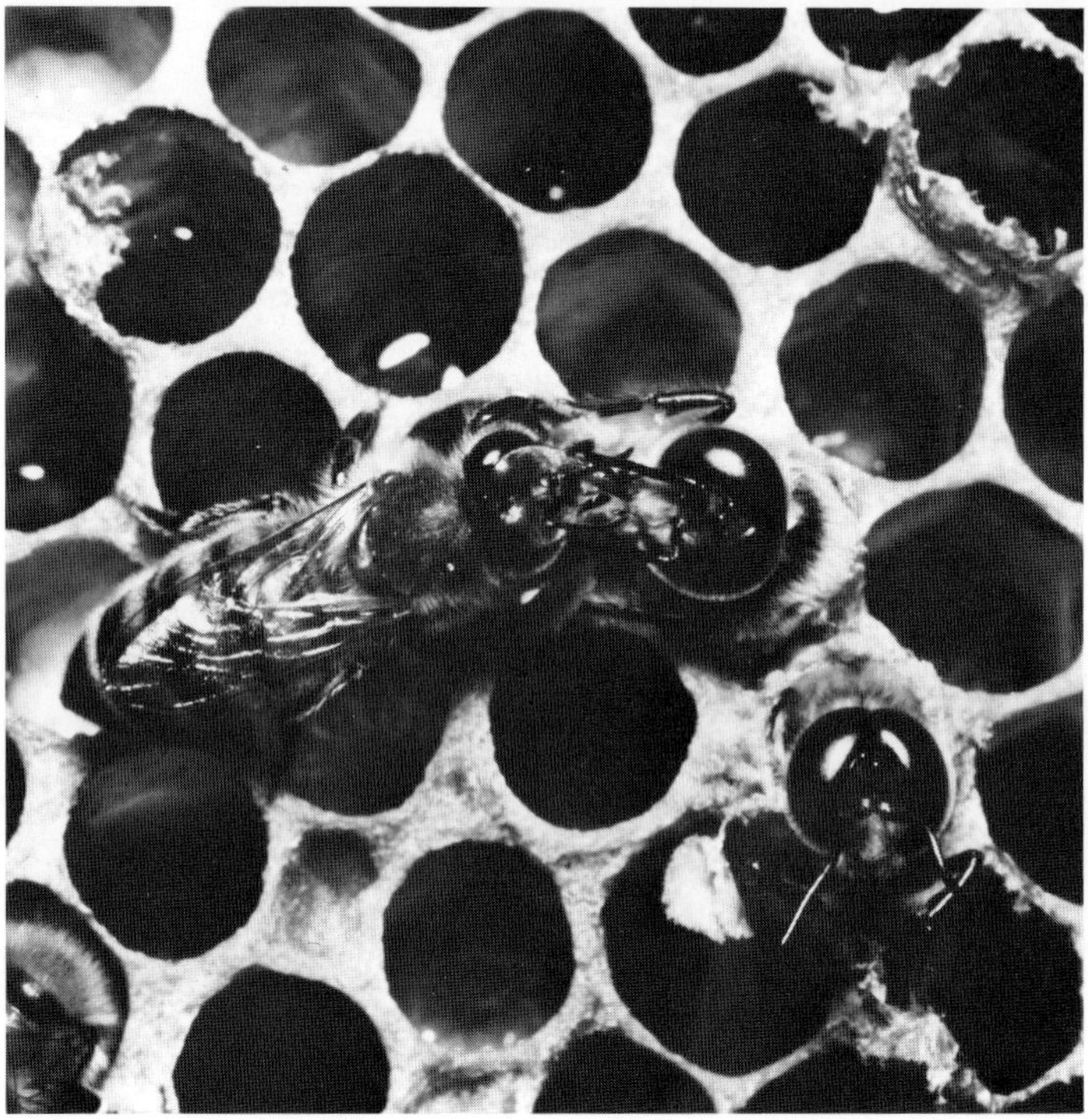

➡おすバチの誕生《たんじょう》。うまれでるおすバチに，はたらきバチがみつをあたえてやる。おすバチの役《やく》目《め》は，新女王《しんじょおう》バチと結婚《けつこん》飛行《ひこう》にとびたち結婚《けつこん》すること。そのほかはなにもしないで食《た》べてばかりいるので，みつの少《すく》なくなる秋《あき》には，巣《す》からおいだされる。

巣《す》分《わ》れ——新《あたら》しい社会《しゃかい》を作《つく》るため

新女王《しんじょおう》が誕生《たんじょう》するときには、女王《じょおう》のすがたは、もう巣《す》のどこにもみあたりません。女王《じょおう》は、まもなくうまれてくる新女王《しんじょおう》と、わかいはたらきバチたちに巣《す》をゆずり、はたらきバチの大半《たいはん》をひきつれて、どこかにとびさってしまったのです。巣分《すわ》れです。

巣分《すわ》れのおこる日《ひ》は、はたらきバチは巣《す》の入口《いりぐち》のふきんにあつまり、ふしぎな静《しず》けさがあたりをただよいます。

やがて、水先案内《みずさきあんない》でもするように、数《すう》ひきずつとびたちはじめ、だんだん数《かず》をましていきます。そして、女王《じょおう》バチが数《すう》ひきのつきそいにまもられてとびたつのをあいずに、にわかにその数《かず》がふえ、濁流《だくりゅう》のようないきおいで巣《す》からとびたっていくのです。

ウワーンという羽音《はおと》があたりをつつみ、空《くう》中《ちゅう》をみだれとぶミツバチは、まるで黒《くろ》いあら

←巣分《すわか》れ（分封《ぶんぽう》）。巣分《すわか》れの群《む》れは巣《す》をでたあと，しばらく大空《おおぞら》をとびまわり，近《ちか》くの木《き》の枝《えだ》にむらがってとまる。やがて，新《あたら》しい巣《す》を作《つく》るためのよい場所《ばしょ》をさがしに，群《む》れの中《なか》のはたらきバチ数《すう》十ぴきがとびさる。

しのようです。巣分《すわか》れしたミツバチは、よい場所《ばしょ》をみつけて、巣《す》をつくり、新《あたら》しい社会《しゃかい》をつくりはじめます。

いっぽう、新女王《しんじょおう》バチは、上空《じょうくう》でおすバチと結婚《けっこん》をし、産卵《さんらん》の力《ちから》をつけると、また、一ぴきだけで古《ふる》い巣《す》にまいもどってきます。

そして、まっていたはたらきバチとともに、新《あたら》しい社会《しゃかい》づくりをはじめるのです。

巣《す》分《わか》れしてとびまわるミツバチの群《む》れ。新《あたら》しい巣《す》作《づく》りのためのよい場所《ばしょ》がみつかると，その場所《ばしょ》をめざしてふたたびとびさる。

●あとがき

ミツバチの社会《しゃかい》は、どんなしくみになっているのだろう。どんな行動《こうどう》や、伝《でん》達《たつ》の方法《ほうほう》があるのだろう。ロイヤル・ゼリーのふしぎなひみつは……。

わたしは、ミツバチの社会《しゃかい》がもっているいろいろな〝ふしぎ〟にふれてみたいと思《おも》い、レンズを通《とお》して三年間《ねんかん》、ミツバチを追《お》いつづけました。

ときどきかいまみる〝自然《しぜん》の知恵《ちえ》〟、そして自然《しぜん》のきびしいおきてに、残酷《ざんこく》なまでにだまって従《したが》っていくかれらの姿《すがた》は、わたしの心《こころ》を深《ふか》くうちました。たとえ、それが〝本能《ほんのう》〟という一言《ひとこと》でかたづけられようとも……。わたしは、その感動《かんどう》をそのまま、フィルムに焼《や》きつけようと努力《どりょく》しました。

撮影《さつえい》にあたって、大勢《おおぜい》の方々《かたがた》のお力添《ちからぞ》えをいただきました。とくに敬愛《けいあい》する写友《しゃゆう》、埴沙萠氏《はにしゃぼうし》には、花《はな》の咲《さ》きみだれる南国《なんごく》の庭《にわ》を数《すう》か月《げつ》にわたって使《つか》わせていただきました。毒針《どくばり》の人体実験《じんたいじっけん》の際《さい》には、大切《たいせつ》な腕《うで》をお借《か》りしました。毒《どく》でまっ赤《か》にはれあがった腕《うで》、氏《し》の痛《いた》みにゆがんだ笑顔《えがお》が思《おも》い出《だ》されます。岸田功《きしだいさお》氏《し》には、ミツバチの巣箱《すばこ》を使《つか》わせていただきました。国立科学博物館《こくりつかがくはくぶつかん》の石川良輔《いしかわりょうすけ》先生《せんせい》には、本《ほん》を構成《こうせい》するにあたって、適切《てきせつ》なご教示《きょうじ》をあおぎました。厚《あつ》くお礼《れい》を申《もう》しあげます。

栗《くり》林《ばやし》　慧《さとし》

（一九七三年十二月）

NDC486
栗林　慧
科学のアルバム　虫7
ミツバチのふしぎ
あかね書房 2022
54P　23×19cm

科学のアルバム

ミツバチのふしぎ

一九七三年一二月初版
二〇〇五年 四 月新装版第 一 刷
二〇二二年一〇月新装版第一四刷

著者　栗林　慧
　　　七尾　純

発行者　岡本光晴
発行所　株式会社 あかね書房
〒一〇一－〇〇六五
東京都千代田区西神田三－二－一
電話〇三－三二六三－〇六四一（代表）
ホームページ http://www.akaneshobo.co.jp
印刷所　株式会社 精興社
写植所　株式会社 田下フォト・タイプ
製本所　株式会社 難波製本

ISBN978-4-251-03327-7
定価は裏表紙に表示してあります。
落丁本・乱丁本はおとりかえいたします。

○表紙写真
・あつめた花粉《かふん》を空中《くうちゅう》でまとめているはたらきバチ
○裏表紙写真（上から）
・ツバキの花《はな》にとんできたはたらきバチ
・巣《す》の保温《ほおん》をするはたらきバチ
・巣《す》づくりをしているようす
○扉写真
・花《か》ふんをあつめるはたらきバチ
○もくじ写真
・はたらきバチにとりかこまれた女王《じょおう》バチ

科学のアルバム

全国学校図書館協議会選定図書・基本図書
サンケイ児童出版文化賞大賞受賞

虫

モンシロチョウ
アリの世界
カブトムシ
アカトンボの一生
セミの一生
アゲハチョウ
ミツバチのふしぎ
トノサマバッタ
クモのひみつ
カマキリのかんさつ
鳴く虫の世界
カイコ まゆからまゆまで
テントウムシ
クワガタムシ
ホタル 光のひみつ
高山チョウのくらし
昆虫のふしぎ 色と形のひみつ
ギフチョウ
水生昆虫のひみつ

植物

アサガオ たねからたねまで
食虫植物のひみつ
ヒマワリのかんさつ
イネの一生
高山植物の一年
サクラの一年
ヘチマのかんさつ
サボテンのふしぎ
キノコの世界
たねのゆくえ
コケの世界
ジャガイモ
植物は動いている
水草のひみつ
紅葉のふしぎ
ムギの一生
ドングリ
花の色のふしぎ

動物・鳥

カエルのたんじょう
カニのくらし
ツバメのくらし
サンゴ礁の世界
たまごのひみつ
カタツムリ
モリアオガエル
フクロウ
シカのくらし
カラスのくらし
ヘビとトカゲ
キツツキの森
森のキタキツネ
サケのたんじょう
コウモリ
ハヤブサの四季
カメのくらし
メダカのくらし
ヤマネのくらし
ヤドカリ

天文・地学

月をみよう
雲と天気
星の一生
きょうりゅう
太陽のふしぎ
星座をさがそう
惑星をみよう
しょうにゅうどう探検
雪の一生
火山は生きている
水 めぐる水のひみつ
塩 海からきた宝石
氷の世界
鉱物 地底からのたより
砂漠の世界
流れ星・隕石